essentials

Weitere Informationen zu dieser Reihe finden Sie unter
http://www.springer.com/series/13088

essentials liefern aktuelles Wissen in konzentrierter Form. Die Essenz dessen, worauf es als „State-of-the-Art" in der gegenwärtigen Fachdiskussion oder in der Praxis ankommt. essentials informieren schnell, unkompliziert und verständlich

- als Einführung in ein aktuelles Thema aus Ihrem Fachgebiet
- als Einstieg in ein für Sie noch unbekanntes Themenfeld
- als Einblick, um zum Thema mitreden zu können

Die Bücher in elektronischer und gedruckter Form bringen das Expertenwissen von Springer-Fachautoren kompakt zur Darstellung. Sie sind besonders für die Nutzung als eBook auf Tablet-PCs, eBook-Readern und Smartphones geeignet. essentials: Wissensbausteine aus den Wirtschafts, Sozial- und Geisteswissenschaften, aus Technik und Naturwissenschaften sowie aus Medizin, Psychologie und Gesundheitsberufen. Von renommierten Autoren aller Springer-Verlagsmarken.

Irasianty Frost

Statistische Testverfahren, Signifikanz und p-Werte

Allgemeine Prinzipien verstehen und Ergebnisse angemessen interpretieren

Irasianty Frost
Hochschule Fresenius,
München, Deutschland

ISSN: 2197-6708 ISSN: 2197-6716 (electronic)
essentials
ISBN: 978-3-658-16257-3 ISBN: 978-3-658-16258-0 (eBook)
DOI 10.1007/978-3-658-16258-0

Die Deutsche Nationalbibliothek verzeichnet diese Publikation in der Deutschen Nationalbibliografie; detaillierte bibliografische Daten sind im Internet über http://dnb.d-nb.de abrufbar.

Springer VS

Gedruckt auf säurefreiem und chlorfrei gebleichtem Papier

Springer VS ist Teil von Springer Nature
Die eingetragene Gesellschaft ist Springer Fachmedien Wiesbaden GmbH
Die Anschrift der Gesellschaft ist: Abraham-Lincoln-Strasse 46, 65189 Wiesbaden, Germany

Was Sie in diesem *essential* finden können

- Eine verständliche Beschreibung von Grundprinzipien statistischer Testverfahren
- Die Bedeutung von Signifikanz und p-Wert
- Fehler 1. und 2. Art und wie sie zusammenhängen

Inhaltsverzeichnis

Einleitung

1

Statistische Methoden für die empirische Forschung sind in vielen wissenschaftlichen Bereichen nicht mehr wegzudenken. Zu den meisteingesetzten Verfahren gehören sicherlich statistische Tests. Die Durchführung ist sehr einfach, die theoretischen (mathematischen und philosophischen) Grundlagen sind dagegen komplex. Deswegen ist es nicht verwunderlich, wenn Missverständnisse entstehen (siehe zum Beispiel Beck-Bornholdt und Dubben 2001).

Dieses *essential* versucht, die wichtigsten Grundpfeiler der klassischen Testtheorie aufzuzeigen und zu erklären. Dabei wird eher heuristisch vorgegangen. Jedoch werden Leser hier und da mathematische Formulierungen finden. Die Autorin verzichtet nicht ganz auf diese formale Darstellungsart, da manche Sachverhalte nur dadurch deutlich und vor allem verständlich zum Ausdruck gebracht werden können. Der mathematische Anspruch geht jedoch nicht über Basiskenntnisse hinaus.

Die klassische Testtheorie basiert zum größten Teil auf den Arbeiten von zwei Mathematikern: J. Neyman (1894–1981) und E. S. Pearson (1895–1980). Deswegen nennt man die klassische Testtheorie auch die Testtheorie von Neyman und Pearson. Diese lernen Studierende in der Regel im Rahmen der (klassischen) Inferenzstatistik kennen.

Parallel zu dieser Version existiert eine „Urversion" des Signifikanztests von R.A. Fisher (1890–1962), einem sehr vielseitig interessierten und produktiven Wissenschaftler (sechs Bücher und fast 300 Papers; seine drei Hauptwerke *Statistical Methods for Research Workers*, *Statistical Methods and Scientific Inference* und *The Design of Experiments* wurden noch als ein Band bis in die 1990er-Jahre nachgedruckt). In dem Buch *Statistical Methods for Research Workers*, das 1925 zum ersten Mal erschien, erläutert Fisher seine Idee zum Signifikanztest. Darin wird nur eine Hypothese, die Nullhypothese, berücksichtigt. Neyman und

I. Frost, *Statistische Testverfahren, Signifikanz und p-Werte*, essentials,
DOI 10.1007/978-3-658-16258-0_1

Pearson ergänzen die Nullhypothese um die Alternativhypothese und führen die Begriffe *Fehler 1.* und *2. Art* sowie *kritischer Bereich* (oder Ablehnungsbereich) ein (Neyman und Pearson 1933). Insbesondere geben sie dem satistischen Testverfahren ein mathematisches Fundament. Zu diesem gehört unter anderem das Beurteilungskriterium für den Schluss von der Beobachtung auf die Grundgesamtheit. Wie gut das Testverfahren ist, wird daran gemessen, wie oft bei häufiger Anwendung des Verfahrens der Schluss zu einer richtigen Aussage führt (vgl. **Zu 2** im Abschn. 3). Neyman nennt diesen Schluss „inductive behavior" (Neyman 1938, aus dem Französischen übersetzt von Lehmann (2011, S. 56)).

Fisher, der damit keineswegs einverstanden ist, führt kontroverse Diskussionen mit Neyman und Pearson, die bis ins Persönliche gehen. Wie vehement ihre Konfrontation war, lässt sich durch Neymans Paper aus dem Jahr 1961 erahnen: *Silver jubilee of my dispute with Fisher*. Die gegenseitige persönliche Abneigung meint man bis heute noch zu spüren, liest man die Beiträge von Lehmann (1993, 2011); Lenhard (2006); Louçã (2008) oder Nickerson (2000). Dieser äußerst ungewöhnliche Disput beschäftigt viele Fachleute über die Jahrzehnte hinweg bis in die Gegenwart. Die Beiträge von Autoren wie zum Beispiel Brigg (2012); Haller und Krauss (2002); Hubbard und Bayarri (2003); Levine et al. (2008); Meehl (1967); Rozeboom (1960) belegen dies.

Nun zum vorliegenden Buch: Den Auftakt bildet eine kompakte Darstellung der klassischen Testtheorie, die auf dem Konzept des induktiven Verhaltens von Neyman und Pearson aufgebaut wird. Um den (Wieder-)Einstieg zu erleichtern, werden zuvor die Grundbegriffe (Zufallsvariablen, Grundgesamtheit, Zufallsstichprobe) sowie die Normalverteilung kurz erläutert. Da die Testprinzipien im Vordergrund stehen, wird ein sehr einfaches Beipiel zum t-Test gewählt. Mit einem übersichtlichen Datensatz wird der Test konkret durchgerechnet. Im Anschluss daran, in den Abschnitten vier und fünf, beschäftigen wir uns mit der Frage, was ein Testergebnis bedeutet und insbesondere, was es *nicht* bedeutet. Ein Vergleich des Testprinzips mit dem Prinzip eines gerichtlichen Indizienprozesses gibt eine heuristische Vorstellung davon, wie das Prinzip funktioniert. Kapitel sechs demonstriert, wie sich der Fehler 1. und der Fehler 2. Art gegenseitig beeinflussen. Dabei wird auch hier auf eine mathematische Ausarbeitung verzichtet. Die exakte wahrscheinlichkeitstheoretische Behandlung und eine tiefere Diskussion darüber findet man beispielsweise in Fahrmeir et al. (2011) bzw. Rüger (1996). Das siebte Kapitel setzt sich mit einem Thema auseinander, das in der Praxis für Konfrontation sorgt: Ist ein statistisch signifikantes Ergebnis auch inhaltlich relevant (in der medizinischen Forschung: *klinisch relevant*)? Den Abschluss bildet ein kurzes Kapitel über weitere Verfahren, die die Statistik anbieten kann. Eine Auswahl entsprechender Literatur liegt bei.

Grundmodell 2

Zufallsvariable

In der Analysis versteht man unter einer (reellwertigen) Funktion $f(.)$ eine Vorschrift, die jedem Element einer Menge X in eindeutiger Weise eine reelle Zahl $y = f(x)$ zuordnet. Man nennt x und y *Variablen* oder *Veränderliche*, weil diese für zwei beliebige reelle Zahlen stehen und keine bestimmten, festen Werte darstellen. Gemäß der Vorschrift $f(.)$ ändert sich die eine Größe gleichzeitig mit der anderen.

Eine Zufallsvariable ist eine *meßbare* Funktion von der Ergebnismenge Ω eines Zufallsexperiments in die reellen Zahlen. Beispiel: Aus einer Klasse mit beispielsweise 30 Schülern werden zufällig fünf Kinder ausgewählt. Man interessiert sich für ihre Körpergröße. Die zufällige Auswahl der Kinder stellt das Zufallsexperiment dar, und die Zufallsvariable X ist die Körpergröße der Kinder. Nehmen wir an, dass Anna, Max, Gero, Elias und Chiara ausgewählt wurden. Wir schreiben $\Omega = \{\text{Anna, Max, Gero, Elias, Chiara}\}$ für die Menge der ausgewählten Kinder. Die Zufallsvariable X ist eine Abbildung von Ω in die reellen Zahlen:

$$X : \Omega \longrightarrow \mathbb{R}$$

Ein konkreter Wert von X – in der Statistik nennt man diesen Wert eine Realisation von X – ist zum Beispiel die Körpergröße von Anna: $X(\text{Anna}) = 120\,\text{cm}$. Annas Körpergröße kann *gemessen* werden. In diesem Sinne heißt die Abbildung *meßbar*. Dagegen ist es unmöglich, Annas Gefühlszustand zu messen. Die Variable *Gefühlszustand* ist nicht meßbar. Eine Zufallsvariable ordnet also jedes Ergebnis eines Zufallsexperiments einer reellen Zahl zu.

Wenn in der Analysis eine Funktion mit $f, g, h, \ldots$ gekennzeichnet wird, verwenden Statistiker große lateinische Buchstaben wie $X, Y, Z, \ldots$ als Bezeichnung

I. Frost, *Statistische Testverfahren, Signifikanz und p-Werte*, essentials,
DOI 10.1007/978-3-658-16258-0_2

für Zufallsvariablen. Der Wert, den eine Zufallsvariable X konkret annimmt, heißt eine Realisation von X. Dafür schreibt man $x = X(\omega)$ mit $\omega \in \Omega$.

Verteilungsfunktion einer Zufallsvariablen

Wenn wir einen symmetrischen Würfel werfen, können wir nicht mit Sicherheit sagen, dass die Augenzahl 3 erscheint. Jede Realisation einer Zufallsvariablen $X = \mathit{Augenzahl}$ tritt mit einer Wahrscheinlichkeit $\frac{1}{6}$ ein. Die Verteilungsfunktion $F(x) := P(X \leq x)$ einer Zufallsvariablen X gibt die Wahrscheinlichkeit dafür an, dass X Werte kleiner oder gleich $x \in \mathbb{R}$ annimmt. Im Würfelbeispiel bedeutet zum Beispiel $F(5) = P(X \leq 5) = \frac{5}{6}$ die Wahrscheinlichkeit für „Augenzahl kleiner oder gleich 5".

Erwartungswert und Varianz einer Zufallsvariablen

Der Erwartungswert einer Zufallsvariablen ist der Wert, den eine Zufallsvariable im Mittel annehmen kann. Zur Illustration betrachten wir das folgende einfache Glückspiel: Wir werfen einen fairen Würfel. Für jede geworfene Augenzahl erhalten wir den entsprechenden Betrag, also sechs Euro für die Augenzahl 6, fünf Euro für die Augenzahl 5 und so weiter. Auf lange Sicht können wir 3,50 Euro pro Spiel als Gewinn verbuchen. Statistiker schreiben $E(X)$ oder einfach μ für den Erwartungswert einer Zufallsvariablen X. Für das beschriebene Würfelspiel errechnet sich der Erwartungswert der Zufallsvariablen $X = \mathit{Gewinn}$ gemäß:

$$E(X) = 1 \cdot \frac{1}{6} + 2 \cdot \frac{1}{6} + 3 \cdot \frac{1}{6} + 4 \cdot \frac{1}{6} + 5 \cdot \frac{1}{6} + 6 \cdot \frac{1}{6} = 3,5$$

Diese Darstellung fasst folgende Überlegungen zusammen: Bei sechs Würfen werden wir im Schnitt einmal 1,00 Euro, einmal 2,00 Euro, einmal 3,00 Euro, einmal 4,00 Euro, einmal 5,00 Euro und einmal 6,00 Euro gewinnen, sodass wir im Mittel 21,00 Euro bei sechs Würfen in der Tasche haben können. Dies entspricht einem Betrag von 3,50 Euro pro Spiel. Das ist der Betrag, den der Erwartungswert anzeigt.

Nicht jede Zufallsvariable besitzt einen Erwartungswert. Ein klassisches Beispiel dafür zeigt das *Sankt Petersburger Paradoxon*, genannt nach der Petersburger Akademie der Wissenschaften, wo Nikolaus und Daniel Bernoulli über dieses Thema diskutiert hatten. Es handelt sich um folgendes Spiel: Eine faire Münze wird solange geworfen, bis zum ersten Mal „Zahl“ erscheint. Erscheint „Zahl“ beim ersten Wurf, gibt es einen Gewinn von 2 Rubel. Fällt „Zahl“ beim zweiten Mal, beträgt der Gewinn 4 Rubel, beim dritten 8 Rubel und beim n-ten 2^n Rubel. Mit jedem Wurf verdoppelt sich also der Gewinn. Da die Würfe voneinander unabhängig sind, ist die Gewinnwahrscheinlichkeit für jedes $n : \frac{1}{2^n}$. Der erwartete Gewinn würde sich aus $\sum 2^n \cdot \frac{1}{2^n}$ ergeben. Diese Reihe strebt mit wachsendem n gegen unendlich. Das heißt: Die Zufallsvariable *Gewinn* bei diesem Spiel besitzt keinen Erwartungswert.

Der Betrag, den wir bei einem Spiel gewinnen können, ändert sich in der Regel von Mal zu Mal. Im obigen Würfelspiel hängt der Gewinn von der geworfenen Augenzahl ab. Allgemein ausgedrückt: Die Werte einer Zufallsvariablen X sind in der Regel nicht konstant. Sie schwanken. Insbesondere interessiert man sich für die Schwankungen um den Erwartungswert μ. Diese Schwankungen um den Erwartungswert werden durch die sogenannte Varianz gemessen, die als der mittlere quadratische Abstand der Realisationen von X von μ definiert wird. Für die Varianz schreibt man $Var(X)$ oder σ^2. Die Wurzel aus der Varianz $\sigma = +\sqrt{\sigma^2}$ nennt man die Standardabweichung der Zufallsvariablen.

Normalverteilung

Bei dem Würfelbeispiel gibt es genau sechs mögliche Ergebnisse. Wenn der Würfel symmetrisch ist, tritt jedes Ergebnis mit der gleichen Wahrscheinlichkeit von einem Sechstel ein. Bei einer Zufallsvariablen wie beispielsweise *Körpergröße* führen solche Überlegungen uns nicht weiter, da wir die Frage nach der Anzahl der möglichen Werte der Zufallsvariablen X = *Körpergröße* nicht beantworten können. Es ist nicht möglich, die Realisationen von X abzuzählen; diese lassen sich im Gegensatz zum Würfelwurf nicht durch die natürlichen Zahlen $1, 2, 3, \ldots$ durchnummerieren. Solche Zufallsvariablen nennen wir stetig.

Ein stetiges Verteilungsmodell, das in Statistik eine zentrale Rolle spielt, ist die Normal- oder Gaußverteilung. Charakteristisch für die Normalverteilung ist der Graph ihrer sogenannten Dichtefunktion, der die Gestalt einer Glocke (auch Gauß-Glocke genannt) besitzt. Zusammen mit dem Konterfei von Carl Friedrich Gauß schmückte sie bis Ende 2001 den Zehn-Mark-Schein. Die Gauß-Glocke überspannt den gesamten reellen Zahlengeraden $\mathbb{R}$, also über die x-Achse, berührt diese jedoch nie. Trotzdem ist der Flächeninhalt unterhalb der Glocke endlich gleich eins. Mit Hilfe der Dichtefunktion ermittelt man für jedes $x \in \mathbb{R}$ den Wert der Verteilungsfunktion $F(x) = P(X \leq x)$. Dieser entspricht dem Flächeninhalt unterhalb der Glocke über der horizontalen Achse bis zur vertikalen Linie an der

Stelle x. Eine ausführliche Beschreibung der Normalverteilung ist beispielsweise in Frost (2015, S. 185 ff.) nachzulesen. Die Kennzahl für die Lage der Glocke auf $\mathbb{R}$ ist der Erwartungswert μ; ihre Form bestimmt die Varianz σ^2. Je kleiner σ ist, desto schmaler ist die Glocke.

Eine besondere Normalverteilung ist die sogenannte Standardnormalverteilung mit $\mu = 0$ und $\sigma = 1$. Eine standardnormalverteilte Zufallsvariable erhält gewöhnlich die Bezeichnung Z. Jede normalverteilte Zufallsvariable X mit $E(X) = \mu$ und $Var(X) = \sigma^2$ lässt sich gemäß folgender linearer Transformation $Z = \frac{X-\mu}{\sigma}$ in eine Z-Variable überführen. Diesen Vorgang nennt man Standardisieren.

Viele Phänomene in der Natur lassen sich durch Normalverteilungen modellieren. Die Körpergröße (von Erwachsenen) ist zum Beispiel normalverteilt. Zur Illustration betrachten wir eine Population von Personen mit $\mu = 170\,\text{cm}$ und $\sigma = 10\,\text{cm}$. An der Glockenkurve erkennen wir, dass viele Werte um den Mittelwert herum liegen. Je weiter man sich von μ entfernt, desto dünner besetzt sind die Teilintervalle auf der x-Achse. Mit anderen Worten: Als „normal“ gelten eine Körpergröße um die 170 cm; besonders große sowie besonders kleine Menschen kommen seltener vor.

Der Flächeninhalt unterhalb der Glocke über einem Intervall $[a\,;\,b]$, $-\infty < a < b < \infty$ gibt die Wahrscheinlichkeit dafür an, dass X alle Werte in diesem Intervall annimmt, kurz $P(a \leq X \leq b)$. Insbesondere gilt für $a = \mu - \sigma$ und $b = \mu + \sigma$:

$$P(\mu - \sigma \leq X \leq \mu + \sigma) = 0{,}6826$$

Das bedeutet, dass man, ohne eine Rechnung durchführen zu müssen, den Prozentsatz der Werte im Intervall $[\mu - \sigma\ ;\ \mu + \sigma]$ angeben kann. Ebenso weiß man, dass ca. 95 % der Werte im Intervall $[\mu - 2\sigma\ ;\ \mu + 2\sigma]$ liegen. Für die Population im obigen Beispiel können wir somit mühelos angeben, dass ca. 68 % der Populationsmitglieder eine Körpergröße zwischen 160 und 180 cm besitzen und, dass ca. 95 % von ihnen zwischen 150 und 190 cm groß sind.

Für empirisch arbeitende Wissenschaftler ist die Tatsache, dass viele Stichprobenfunktionen (annähernd) normalverteilt sind, eine große Hilfe, da die klassische Inferenz in der Statistik auf der Normalverteilung basiert.

Grundgesamtheit und Stichprobe

Eine Grundgesamtheit oder Population ist eine Gruppe von Personen oder Objekten, über die eine Aussage gemacht werden soll, zum Beispiel „die Gesamtheit der Bevölkerung im Land X“. Man interessiert sich für die Häufigkeitsverteilung ihrer Körpergröße. Theoretisch könnte man die Körpergrößen sämtlicher Personen im Land X messen und den Mittelwert sowie die Standardabweichung berechnen. Diese Vorgehensweise ist aus wirtschaftlichen und organisatorischen Gründen nicht praktikabel. Statt einer Vollerhebung, wie oben beschrieben, wird eine Stichprobe gezogen. Unter einer Stichprobe versteht man also eine Teilmenge der interessierenden Population, die tatsächlich untersucht wird.

Das Ergebnis aus der Stichprobe überträgt man dann zurück auf die Grundgesamtheit. Es ist nicht schwer sich vorzustellen, dass ein solcher Schluss immer mit Ungenauigkeiten verbunden ist (Stichprobenfehler). Wie genau die Übertragung ist, hängt unter anderem von der Beschaffenheit der Stichprobe ab. Eine Stichprobe, die die Grundgesamtheit bezüglich der interessierenden Merkmale gut abbildet (repräsentativ), würde eher zu einer besseren Übertragung führen als eine die verzerrt ist. Die Repräsentativität versucht man durch Zufallsstichproben zu erreichen. Insbesondere basieren die etablierten Verfahren in der klassischen Inferenzstatistik auf Zufallsstichproben. Eine Übersicht über verschiedene Arten von Stichproben findet man unter anderem in Fahrmeir et al. (2011).

Stichprobenmittel

Stellen wir uns eine große Kiste vor. Darin befinden sich sehr viele Schokokugeln (N groß) mit unterschiedlichem Gewicht. Das Durchschnittsgewicht der Schokokugeln in der Kiste sei μ und die Standardabweichung sei σ. Aus dieser Kiste ziehen wir blind $n < N$ Schokokugeln. Die Statistiker nennen den Vorgang *Ziehung einer einfachen Zufallsstichprobe vom Umfang n*. Diesen Vorgang wiederholen wir viele Male. Aus jeder Ziehung berechnen wir einen Stichprobenmittelwert, der das durchschnittliche Gewicht der Schokokugeln in der Stichprobe angibt. Aufgrund der zufälligen Zusammensetzung der Stichproben fallen die Stichprobenmittelwerte von Stichprobe zu Stichprobe unterschiedlich aus. Deshalb können wir von der Zufallsvariablen *Stichprobenmittel* sprechen. Diese Zufallsvariable ist für großes n annähernd normalverteilt, unabhängig davon, wie die Gewichte in der Kiste verteilt sind.

Normalverteilung als Modell für Stichprobenmittel

Für eine Stichprobe vom Umfang n können wir formal wie folgt schreiben: $X_1, X_2, \ldots, X_n$. Im obigen Beispiel stellt jede Stichprobenvariable X_i das Gewicht der i-ten gezogenen Kugel dar, wobei $i = 1, 2, \ldots, n$. Somit können wir für das

Stichprobenmittel schreiben: $\bar{X} = \frac{1}{n}\sum_{i=1}^{n} X_i$. Wenn wir aus sehr vielen Stichproben wiederum einen Mittelwert der Stichprobenmittelwerte bilden, werden wir im Mittel μ erhalten. Das heißt: Der Erwartungswert von $\bar{X}$ ist identisch mit dem Erwartungswert in der Population, kurz: $E(\bar{X}) = \mu$. Die Varianz von $\bar{X}$ ist gegeben durch den Quotienten aus der Populationsvarianz σ^2 und dem Stichprobenumfang n: $Var(\bar{X}) = \frac{\sigma^2}{n}$. Insbesondere ist $\bar{X}$ normalverteilt mit dem Erwartungswert μ und der Varianz $\frac{\sigma^2}{n}$, wenn in der Population eine Normalverteilung mit den Parametern μ und σ^2 herrscht. Ist die Population nicht normalverteilt, so gilt die Normalverteilung von $\bar{X}$ für großes n nur näherungsweise. Das Stichprobenmittel streut also um den Faktor $\frac{1}{n}$ weniger als die Variable selbst. Je größer der Stichprobenumfang n ist, desto kleiner wird die Streuung der Werte von $\bar{X}$ (deshalb wird die Schätzung von μ durch $\bar{X}$ umso genauer, je mehr Daten zur Verfügung stehen).

Student-t-Verteilung

Oben haben wir festgestellt, dass das Stichprobenmittel $\bar{X}$ normalverteilt ist mit $E(\bar{X}) = \mu$ und $Var(\bar{X}) = \frac{\sigma^2}{n}$. Somit ist die Zufallsvariable $\frac{\bar{X}-\mu}{\sigma}\sqrt{n} = Z$ standardnormalverteilt. In der Praxis ist σ in der Regel unbekannt. Man schätzt diese durch die Stichprobenstandardabweichung $S = \sqrt{\frac{1}{n-1}\sum(X_i - \bar{X})^2}$. Ersetzen wir σ durch S, erhalten wir die sogenannte T-Statistik $T = \frac{\bar{X}-\mu}{S}\sqrt{n}$. Diese ist Student-t-verteilt mit $n-1$ Freiheitsgraden. Die Student-t-Verteilung oder einfach die t-Verteilung wurde von W.S. Gosset (1876–1937) in die Statistik eingeführt. Gosset war als Chemiker in der Brauerei Guinness & Co., Dublin beschäftigt. Seine wissenschaftlichen Abhandlungen veröffentlichte er unter dem Pseudonym „Student“. Daher heißt die Verteilung Student-Verteilung.

Statistische Tests

3

Einen statistischen Test durchzuführen ist technisch ohne großen Aufwand möglich. Es gibt genügend Statistik-Software, die uns automatisch Ergebnisse liefert. Die theoretischen Grundlagen muss man nicht (ganz) verstehen. Selbst händisch ist die Berechnung mühelos; man muss lediglich den Arbeitsschritten, die in Lehrbüchern zu finden sind, rezeptartig folgen. Mangelndes Verständnis kann jedoch dazu führen, dass Ergebnisse falsch interpretiert werden.

Deshalb wollen wir im Folgenden versuchen, die Idee und das grundlegende Konzept hinter statistischen Testverfahren zu verstehen. Zu diesem Zweck konstruieren wir ein einfaches Beispiel und beschränken uns auf eine normalverteilte Grundgesamtheit. Wir formulieren eine Hypothese über den Erwartungswert μ in dieser Grundgesamtheit und führen einen t-Test durch. Davor rufen wir die aus dem Studium bekannten Arbeitsschritte in Erinnerung:

1. Formuliere die Nullhypothese H_0 und die Alternativhypothese H_1
2. Lege das Signifikanzniveau α fest
3. Bestimme mit Hilfe der Verteilung der Testgröße (auch: Teststatistik oder Prüfgröße genannt) und α den Ablehnungsbereich B des Tests
4. Werte die Daten aus, das heißt: berechne für die gezogene Stichprobe den Testgrößenwert (die Realisation der Testgröße)
5. Überprüfe, ob der errechnete Testgrößenwert in B liegt. Wenn ja, lehne H_0 ab; H_1 ist signifikant. Andernfalls behalte H_0 bei.

Zu 1: Unter einer Hypothese verstehen wir eine Vermutung über einen Parameter in der Grundgesamtheit. Wir unterscheiden zwischen Null- (H_0) und Alternativhypothese (H_1). Die jeweiligen Aussagen über den Parameter unter H_0 bzw. unter H_1 schließen sich aus. Somit kann in der Grundgesamtheit nur die Aussage in der Nullhypothese allein oder nur die in der Alternativ allein gültig sein.

I. Frost, *Statistische Testverfahren, Signifikanz und p-Werte*, essentials,
DOI 10.1007/978-3-658-16258-0_3

Wir unterscheiden zwischen ein- und zweiseitigen Hypothesen:

1. $H_0 : \mu \geq \mu_0$ und $H_1 : \mu < \mu_0$ (einseitig) oder
2. $H_0 : \mu \leq \mu_0$ und $H_1 : \mu > \mu_0$ (einseitig) oder
3. $H_0 : \mu = \mu_0$ und $H_1 : \mu \neq \mu_0$ (zweiseitig).

Dabei steht μ_0 für den unter H_0 spezifizierten Wert von μ. Man beachte, dass das Gleichheitszeichen immer unter der Nullhypothese steht. Dies ist notwendig für die Bestimmung des Ablehnungsbereiches (siehe unten unter **Zu 3**). Der kritische Wert, ab dem man die Nullhypothese ablehnen wird, ist sowohl für die zweiseitige als auch für die einseitigen Nullhypothesen unter 1 bzw. 2 nur unter der Annahme, dass $\mu = \mu_0$ gilt, zu ermitteln (eine Erklärung dazu findet man zum Beispiel in Fahrmeir et al. 2011).

Als formaler Schluss eines statistischen Tests ergibt sich eine der folgenden Entscheidungen:

- Die Nullhypothese wird verworfen oder
- Die Nullhypothese wird beibehalten (nicht abgelehnt).

Hier sei angemerkt, dass die Nullhypothese stets die Ausgangslage für eine Entscheidung bildet. Bei einer Entscheidung kann eine der folgenden Fehlerarten auftreten:

- Die Nullhypothese wird verworfen, obwohl sie wahr ist. Dieser Fehler heißt Fehler 1. Art oder α-Fehler.
- Die Nullhypothese wird beibehalten, obwohl sie falsch ist. Diesen Fehler nennt man Fehler 2. Art oder β-Fehler.

Das klassische Testprinzip besagt: Die Wahrscheinlichkeit für den Fehler 1. Art darf eine *vorgegebene* Oberschranke α nicht überschreiten. Diese Oberschranke ist das bekannte Signifikanzniveau oder die Irrtumswahrscheinlichkeit. Der formale Ausdruck dafür ist:

$$P(H_0 \text{ wird verworfen} | H_0 \text{ wahr}) \leq \alpha$$

(Der vertikale Strich „|“ steht in der Wahrscheinlichkeitsrechnung für *unter der Bedingung, dass …* oder *wenn* oder *obwohl*. Stichwort: Bedingte Wahrscheinlichkeit.) Deshalb wird ein solcher Test auch häufig Signifikanztest[1] genannt. Nach dem klassischen Testprinzip können wir mit einer Wahrscheinlichkeit von höchstens α die Nullhypothese, *wenn sie wahr ist*, irrtümlich ablehnen. Sehr vereinfachend gesagt, bedeutet dies: Durch die Angabe von α wird eine Art „Garantie“ dafür gegeben, dass man nicht zu oft falsche Entscheidungen trifft. Eine entsprechende Absicherung gegen den Fehler 2. Art haben wir dagegen nicht. Deswegen wird die Hypothese, die wir ablehnen möchten (Hypothese „to be nullified“, vgl. Gigerenzer 2004), als Nullhypothese gesetzt.

Zu 2: Das Signifikanzniveau α ist eine kleine Zahl zwischen 0 und 1. Verbreitet, aber nicht zwingend, sind $\alpha = 0,01$; $\alpha = 0,05$; $\alpha = 0,1$. Grundsätzlich hat der Anwender (Forscher), der sich für einen Test als Instrument entschieden hat, die freie Wahl. Er muss jedoch darauf achten, dass α *vor* der Durchfühung des Tests definiert wird und bis zum Abschluss des Verfahrens gilt. Eine nachträgliche Veränderung ist nicht zulässig.

Mit dem von ihm festgelegten Wert von α erklärt er sich bereit, ein Risiko für den Fehler 1. Art von $\alpha \cdot 100$ Prozent einzugehen. Das bedeutet: Würde er zu seinem Hypothesenpaar 100 Stichproben ziehen, würden auf lange Sicht $\alpha \cdot 100$ Stichproben zur Ablehnung der Nullhypothese führen, obwohl die Nullhypothese in Wahrheit richtig ist. In diesem Kontext wird das Signifikanzniveau auch Irrtumswahrscheinlichkeit genannt. Man entscheidet sich irrtümlich gegen die Nullhypothese, obwohl diese wahr ist. Dieser Irrtum tritt mit einer Wahrscheinlichkeit von höchstens gleich α ein.

Das Endergebnis eines statistischen Tests hängt somit auch von α ab, das der Anwender bestimmt hat. Je größer α ist, desto größer ist der Ablehnungsbereich; das bedeutet: desto leichter kann man die Nullhypothese ablehnen, und umgekehrt.

Zu 3: Eine Testgröße hat die Aufgabe, alle Informationen über den zu testenden Parameter aus der Stichprobe herauszuholen. Sie ist somit ein Indikator für den zu testenden Parameter. Ist der Parameterwert groß, soll die Testgröße auch eher große Werte annehmen, und umgekehrt.

[1] Wir meiden jedoch diesen Begriff, da die Gefahr besteht, diesen mit Fishers Signifikanztest zu verwechseln. Fishers „tests of significance“ bauen auf einem anderen Inferenzverständnis auf als klassische Tests von Neyman und Pearson (siehe zum Beispiel Lehmann 2011). Stattdessen folgen wir Rüger (1996, 2002a, b) und sprechen von Niveau-α-Tests oder einfach von statistischen Tests.

Wenn die Nullhypothese zutrifft, muss die Wahrscheinlichkeitsverteilung der Testgröße zumindest näherungsweise bekannt sein. Unter diesen Bedingungen und unter Berücksichtigung von α wird der Wertebereich der Testgröße in einen Ablehnungsbereich B und den Annahmebereich $\bar{B}$ zerlegt; das heißt: Wenn man B und $\bar{B}$ vereinigt, umfasst die Vereinigung die gesamte reelle Zahlengerade.

Der Ablehnungsbereich B ist so zu bestimmen, dass

$$P(B|H_0 \text{ wahr}) \leq \alpha$$

gilt (in Worten ausgedrückt: die Eintrittswahrscheinlichkeit für alle Elemente des Ablehnungsbereiches beträgt höchstens gleich α, wenn die Nullhypothese wahr ist). Da alle Realisationen der Testgröße, die im Ablehnungsbereich B liegen, zur Ablehnung der Nullhypothese führen, ist diese Anforderung äquivalent zum Testprinzip

$$P(H_0 \text{ wird verworfen}|H_0 \text{ wahr}) \leq \alpha.$$

Der Einfachheit halber beschränken wir uns auf stetige Verteilungen der Testgröße. In diesem Fall vereinfacht sich die Bedingung folgendermaßen (die Begründung dazu findet sich zum Beipiel in Fahrmeir et al. 2011 Rüger 1996):

$$P(H_0 \text{ wird verworfen}|H_0 \text{ wahr}) = \alpha$$

Zu 4 und 5: Steht der Ablehnungsbereich fest, berechnen wir die Realisation der Testgröße. Liegt dieser konkrete Wert in B, wird die Nullhypothese verworfen, andernfalls behalten wir sie bei.

Zur Ilustration der Vorgehensweise wird im folgenden Kapitel ein einfaches Beispiel gegeben. Das Beispiel ist so gewählt, dass dadurch das Testprinzip in den Vordergrund gerückt wird.

Beispiel: Student-t-Test

4

Wir betrachten die folgende Situation (vgl. Aufgabe 10, Kap. 10 der Aufgabensammlung zum Lehrbuch Statistik (Frost, 2015)): Eine Maschine füllt Säcke mit Zuckerrüben zum Sollgewicht von 10 Kilogramm ab. Aufgrund von Zufallsschwankungen im Abfüllprozess kann man das Abfüllgewicht als eine Zufallsvariable auffassen. Zudem zeigt die Erfahrung, dass das Abfüllgewicht als normalverteilt angesehen werden kann. Jetzt besteht die Vermutung, dass die Maschine nicht vorschriftsmäßig abfüllt. Diese Vermutung wollen wir mit Hilfe eines einfachen t-Tests überprüfen.

Die Grundgesamtheit bildet die Gesamtheit aller durch die Maschine abgefüllten Zuckerrübensäcke. Die Zufallsvariable X = *Abfüllgewicht* ist normalverteilt mit dem Erwartungswert μ und der Varianz σ^2. Wenn die Maschine das Sollgewicht einhält, wiegen die Säcke im Mittel zehn Kilogramm, d. h. $\mu = 10$. Es soll überprüft werden, ob das Abfüllgewicht signifikant vom Sollgewicht abweicht.

Das Instrument dazu ist der einfache t-Test. Als Signifikanzniveau geben wir $\alpha = 0,05$ vor. Die Stichprobe vom Umfang n sei durch die Stichprobenvariablen $(X_1, X_2, \ldots, X_n)$ gegeben. Dabei gibt jede Variable X_i das Gewicht des i-ten Zuckerrübensackes in der Stichprobe an. Wir folgen den im vorigen Abschnitt beschriebenen Arbeitsschritten:

1. Formulierung der Hypothesen:

   $H_0 : \mu = 10$ (Das Sollgewicht wird eingehalten.)
   $H_1 : \mu \neq 10$ (Das Sollgewicht wird nicht eingehalten.)

2. Ein zuverlässiger Indikator für den Mittelwert in der Grundgesamtheit ist das Stichprobenmittel $\bar{X}$. Weicht das Stichprobenmittel *zu sehr* von 10 Kilogramm

I. Frost, *Statistische Testverfahren, Signifikanz und p-Werte*, essentials,
DOI 10.1007/978-3-658-16258-0_4

ab, haben wir einen Grund zu zweifeln, dass die Maschine tatsächlich vorschriftsmäßig abfüllt.

Ausgehend vom Stichprobenmittel wird die Testgröße

$$T = \frac{\bar{X} - 10}{S}\sqrt{n}$$

definiert. Wenn $\mu = 10$ gilt (die Nullhypothese ist wahr), ist diese Student-t-verteilt mit $n-1$ Freiheitsgraden. Im Nenner von T steht die Stichprobenstandardabweichung $S = \sqrt{\frac{1}{n-1}\sum(X_i - \bar{X})^2}$.

Je weiter $\bar{X}$ vom zu testenden Parameter $\mu = 10$ entfernt liegt, desto größer wird der Wert von $|T|$.[1] Deshalb werden wir die Nullhypothese verwerfen, wenn die gezogene Stichprobe einen betragsmäßig großen Wert von T liefert.

3. Für ein vorgegebenes α ist der Ablehnungsbereich

$$B =]-\infty\,;\, -t_{1-\frac{\alpha}{2};n-1}[\, \cup\,]t_{1-\frac{\alpha}{2};n-1}\,;\, \infty[$$

(Dieser Bereich enthält alle Realisationen von $T < -t_{1-\frac{\alpha}{2};n-1}$ oder $T > t_{1-\frac{\alpha}{2};n-1}$.)

Dabei stellt $t_{1-\frac{\alpha}{2};n-1}$ das $(1-\frac{\alpha}{2})$-Fraktil der Student-t-Verteilung mit $n-1$ Freiheitsgraden dar. Für diesen Bereich gilt

$$P(B|H_0) = P\Big(|T| > t_{1-\frac{\alpha}{2};n-1} \mid H_0\Big) = \alpha.$$

Damit ist das Testprinzip im Abschn. 3 erfüllt. Setzen wir $\alpha = 0,05$ und einen Stichprobenumfang von beispielsweise 9 ($n = 9$) ein, erhalten wir $t_{0,975;8} \approx 2,31$ und

$$B =]-\infty\,;\, -2,31[\, \cup\,]2,31\,;\, \infty[.$$

4. Nehmen wir an, folgende Stichprobe vom Umfang $n = 9$ liege vor: 10,69 10,03 10,95 10,28 10,31 10,27 10,12 10,66 10,95. Daraus errechnen wir den Stichprobenmittelwert $\bar{x} = 10,473$ und die Stichprobenstandardabweichung $s \approx 0,35$. Setzen wir diese Realisationen in T ein, ergibt sich

[1] Der Absolutbetrag: Für $x \in \mathbb{R}$ heißt $|x| = \begin{cases} x, & \text{wenn } x \geq 0 \\ -x, & \text{wenn } x < 0 \end{cases}$

$$t = \frac{10,473 - 10}{0,35}\sqrt{9} \approx 4,05$$

5. Da $4,05 \in B$ wird die Nullhypothese verworfen.

Die Daten haben gezeigt, dass das Sollgewicht statistisch signifikant zum Niveau 5 Prozent nicht eingehalten wird. Die Wahrscheinlichkeit für eine Fehlentscheidung im Sinne des Fehlers 1. Art beträgt 5 Prozent. Der Fehler 1. Art bedeutet in diesem Fall, dass in Wahrheit die Maschine richtig abfüllt, wir uns aufgrund der Stichprobe aber irrtümlich für die Alternativhypothese entschieden haben.

Was ein signifikantes Ergebnis NICHT bedeutet

5

Wird die Nullhypothese abgelehnt, schreibt man als Ergebnis oft: *Die Alternativhypothese H_1 ist signifikant*, oder einfach: *Das Ergebnis ist signifikant*. Da das Signifikanzniveau aber mitbestimmt, ob ein Ergebnis als signifikant gilt oder nicht, ist die Formulierung *Das Ergebnis ist statistisch signifikant zum Niveau* α vorzuziehen. Daran kann man deutlich erkennen, dass das klassische Testverfahren verwendet wird. Außerdem wagen wir zu hoffen, dass dadurch das Risiko für eine Fehlinterpretation geringer wird.

Für das Beispiel im Abschn. 4 heißt das: Das Sollgewicht weicht statistisch signifikant zum Niveau $\alpha = 0,05$ von 10 kg ab, was wiederum bedeutet: Wenn 100 Stichproben zum selben Hypothesenpaar gezogen werden, werden im Mittel fünf davon zur Ablehnung der Nullhypothese führen, obwohl diese wahr ist.

Denken wir daran, dass hinter dem simplen Satz *Das Ergebnis ist signifikant* eine Reihe von Aussagen stecken: Aufgrund des Stichprobenergebnisses haben wir uns für die Alternative, also gegen die Nullhypothese, entschieden. Unsere *Entscheidung* für die Alternative kann richtig oder falsch sein. Vielleicht ist die Nullhypothese falsch und die Stichprobe führte zu deren Ablehnung. In diesem Fall ist unsere Entscheidung richtig. Möglich ist aber auch, dass die Nullhypothese vorliegt und wir ein seltenes Stichprobenergebnis erhalten haben, das uns veranlasst hat, die Nullhypothese abzulehnen. Der Fehler 1. Art ist eingetreten. Im Rahmen des klassischen Testverfahrens, das wir anwenden, wissen wir jedoch, dass das Risiko für die Ablehnung einer wahren Nullhypothese höchstens gleich α beträgt, und wir sind bereit, dieses Risiko einzugehen.

Das Signifikanzniveau legt also die Oberschranke für eine Fehlentscheidungsquote fest (vgl. Erläuterung zu 2, Abschn. 3). Da das Signifikanzniveau vom Anwender vorgegeben wird, hat dieser praktisch einen Einfluss auf das Testergebnis. Je kleiner α ist, desto schwieriger wird die Ablehnung der Nullhypothese sein. Hier könnte man versucht sein, das Signifikanzniveau so zu wählen, dass

I. Frost, *Statistische Testverfahren, Signifikanz und p-Werte*, essentials,
DOI 10.1007/978-3-658-16258-0_5

das erwünschte Ergebnis erreicht wird – zum Beispiel ein kleines α, weil man eigentlich die Nullhypothese nicht verwerfen will (oder umgekehrt). Die Folge eines kleinen bzw. eines großen α werden wir uns im Abschn. 7 genauer ansehen.

Auch der Stichprobenumfang spielt dabei eine Rolle. Je größer n ist, desto größer wird T (T ist direkt proportionanl zu $\sqrt{n}$), desto leichter wird die Nullhypothese abzulehnen sein. Eine große Anzahl von Daten führt eher zu einem signifikanten Ergebnis.

Nachdem eine Ablehnung der Nullhypothese unter anderem von dem vorgegebenen α abhängt, ist leicht nachzuvollziehen, dass ein statistischer Test kein Instrument für die Wahrheitsfindung sein kann. Zudem kommen die Faktoren *Stichprobenumfang* und *Variabilität* in der Population hinzu. Von diesen drei Faktoren hängt das Endergebnis eines statistischen Tests ab. Ein signifikantes Ergebnis kann weder richtig noch falsch sein. Die Aussage „Auch ein signifikantes Ergebnis ist definitionsgemäß in fünf Prozent der Fälle falsch" eines Mediziners, die wir im Internet entdeckt haben, hat somit keinen Sinn. Dass im Medizinerkreis solche Missverständnisse keine Einzellfälle sind, belegt eine weitere Aussage, die eine Ärztin ebenfalls im Internet veröffentlicht hat: „‚Signifikant' heißt, dass das Studienergebnis von Bedeutung (für den Patienten) ist …"

Ein häufig vernachlässigter Punkt stellt ein *nicht signifikantes* Ergebnis dar. Das ist der Fall, wenn die Nullhypothese nicht verworfen wird. Auch hier gibt es zwei Möglichkeiten: Entweder haben wir eine richtige Entscheidung getroffen (eine wahre Nullhypothese wird beibehalten) oder der Fehler 2. Art (eine falsche Nullhypothese wird beibehalten) ist eingetreten. Im Gegensatz zum Risiko für den Fehler 1. Art, das durch das Signifikanzniveau α unter Kontrolle steht, kennen wir die Wahrscheinlichkeit für den Fehler 2. Art nicht. Diese Wahrscheinlichkeit hängt von der Verteilung der Testgröße unter H_1 ab und diese ist unbekannt. Darin liegt der Grund, warum wir die Hypothese, die wir ablehnen möchten, als Nullhypothese formulieren, und diejenige Hypothese, die statistisch gesichert werden soll, als Alternative.

Neyman und Pearson, auf deren Arbeiten das moderne statistische Testverfahren zum größten Teil zurückgeht, erklären in ihrem 1933 veröffentlichten Paper *On the problem of the most efficient tests of statistical hypotheses*:

> We are inclined to think that as far as a particular hypothesis is concerned, no test based upon the theory of probability can by itself provide any valuable evidence of the truth or falsehood of that hypothesis.
> But we may look at the purpose of test from another view-point. Without hoping to know whether each separate hypothesis is true or false, we may search for rules to govern our behavior with regard to them, in following which we insure that, in the long run of experience, we shall not be too often wrong.

Neyman und Pearson verfolgen mit ihrem Testverfahren also nicht das Ziel, herauszufinden, ob eine Hypothese wahr oder falsch ist. Aus ihrer Sicht ist dies auch nicht möglich ist. Dennoch besteht die Möglichkeit, so zu handeln, dass man nicht zu oft Fehler macht. Weiter schreiben sie:

> But it may often be proved that if we behave according to such a rule, then in the long run we shall reject H when it is true not more, say, than once in a hundred times, and in addition we may have evidence that we shall reject H sufficiently often when it is false.

Ein statistischer Test ist laut Neyman und Pearson als eine Verhaltensregel ("a rule of behavior") zu verstehen. Verfährt man gemäß dieser Regel, soll die Häufigkeit von Fehlentscheidungenn "in the long run" nicht zu hoch sein. Die Nullhypothese lassen wir fallen, wenn eine konkrete Beobachtung (Stichprobe) im Widerspruch dazu steht; Wir nehmen die Alternative an. Das Risiko für eine Fehlentscheidung (den Fehler 1. Art) besteht mit einer Wahrscheinlichkeit von α weiterhin.

Die Vorgehensweise bei einem statistischen Test erinnert uns an einen gerichtlichen Indizienprozess (s.a. Frost 2015). Die Unschuldsvermutung bei einem Indizienprozess entspricht der Ausgangslage *Die Nullhypothese ist wahr.* Man versucht durch aussagekräftige Hinweise, den Angeklagten zu belasten. Sprechen die Hinweise gegen den Angeklagten, wird dieser verurteilt. Andernfalls lässt man ihn aus Mangel an Beweisen frei. Das Prinzip *Im Zweifel für den Angeklagten* lässt sich auf den Testvorgang übertragen: *Die Nullhypothese wird beibehalten*, wenn die Beobachtung nicht im Widerspruch dazu steht. Andernfalls wird die Nullhypothese fallengelassen.

Eine Übersicht gibt Tab. 5.1.

Tab. 5.1 Ein Vergleich zwischen einem statistischen Test und einem Indizienprozess

Indizienprozess	Statistischer Test
Unschuldig	Nullhypothese H_0 liegt vor.
Schuldig	Alternative H_1 liegt vor.
Hinweise zur Schuld	Testgröße (Prüfgröße)
Justizirrtum	Fehler 1. Art (α-Fehler)
Indizien ausreichend: Angeklagte wird verurteilt.	Testgröße gegen H_0: H_0 wird abgelehnt, H_1 ist signifikant.
Andernfalls wird der Angeklagte aus Mangel an Beweisen freigesprochen.	Andernfalls wird H_0 nicht abgelehnt; gegen H_0 ist nichts einzuwenden.

Statistische Progammpakete geben im allgemeinen keinen Ablehnungsbereich aus. Im Output steht der berühmt-berüchtigte p-Wert. Was sagt ein p-Wert aus? Wie berechnet man einen p-Wert? Ist eine Test-Entscheidung über einen p-Wert gleichwertig mit einer Entscheidung über einen Ablehnungsbereich? Wie stehen der p-Wert und das Signifikanzniveau zueinander? Wir gehen im Folgenden diesen Fragen nach.

Was ein p-Wert aussagt 6

In der klassischen Testtheorie legt ein Anwender mit α eine Grenze fest, ab der er bereit ist, eine Nullhypothese abzulehnen. Je kleiner α ist, desto kleiner ist der Ablehnungsbereich B, desto schwieriger wird die Ablehnung von H_0. Ein kleines α wiederspiegelt also eine konservative Haltung des Anwenders: Die Bereitschaft, eine bisherige Arbeitshypothese abzulehnen, ist nicht besonders hoch. Im Ablehnungsbereich finden wir Werte der Teststatistik, die eher gegen die Nullhypothese und für die Alternative sprechen. Über diese treffen wir die Entscheidung, ob die Nullhypothese verworfen wird oder nicht.

Führen wir einen Test mit Hilfe eines statistichen Programmpaketes, wie SPSS, durch, erhalten wir keinen Ablehnungsbereich, sondern den sogenannten p-Wert. In der SPSS-Ausgabe steht der p-Wert in der Spalte **Sig. (2-seitig)**. Ein Anwender „weiß“ dann, dass ein Ergebnis signifikant ist, wenn der p-Wert unter fünf Prozent liegt. Warum aber fünf Prozent? Wie erklärt sich dieser?

Machen wir uns zunächst klar, was unter einem p-Wert zu verstehen ist. Hierzu gehen wir nochmals von unserem Beispiel im Abschn. 4 aus. Dort haben wir vorausgesetzt, dass die Grundgesamtheit normalverteilt ist und hatten eine Hypothese der Art $H_0 : \mu = \mu_0$ (und $H_1 : \mu \neq \mu_0$). Als Testgröße fungiert die Stichprobenfunktion T, die unter H_0 (das heißt für $\mu = \mu_0$) Student-t-verteilt mit $(n-1)$ Freiheitsgraden ist. Aus der Stichprobe errechnen wir die Realisation t von T. Anschließend überprüfen wir, ob der Wert t in den Ablehnungsbereich fällt oder nicht.

Ein statistisches Programmpaket geht anders vor. Es berechnet mit diesem konkreten Wert t (ohne Einschränkung sei $t > 0$) die *(bedingte) Wahrscheinlichkeit dafür, dass die Testgröße T den Wert t oder andere in Richtung der Alternative noch extremere Werte annimmt, wenn die Nullhypothese wahr ist*, also:

$$P(T < -t \,|H_0) + P(T > t \,|H_0) =: p(t) \quad \text{bei fest gegebenem } t > 0$$

I. Frost, *Statistische Testverfahren, Signifikanz und p-Werte*, essentials,
DOI 10.1007/978-3-658-16258-0_6

Diesen Wert gibt SPSS unter **Sig. (2-seitig)** aus; er ist als p-Wert bekannt. Der p-Wert wird also immer unter der Voraussetzung berechnet, dass die Nullhypothese vorliegt.

Da ein p-Wert erst *nach* der Beobachtung ermittelt werden kann, ist er eigentlich eine Realisation der Zufallsvariablen $p(T)$, die auf dem Einheitsintervall [0 ; 1] gleichverteilt ist. Im Beispiel aus Abschn. 4 haben wir $t = 4,05$ erhalten, wobei T Student-t-verteilt mit 8 Freiheitsgraden ist. Der p-Wert dieses Tests gibt die Wahrscheinlichkeit für $T > 4,05$ oder $T < -4,05$ an, wenn $\mu = 10$ ist. Diese Wahrscheinlichkeit können wir, zum Beispiel mit der Excelfunktion TVERT(4,05;8;2), Version 2007 bzw. T.VERT.2S(4,05;8), Version 2010, berechnen:

$$P(T < -4,05 \mid H_0) + P(T > 4,05 \mid H_0) \approx 0,0037$$

Der p-Wert ist sehr klein, eindeutig kleiner als das vorgegebene $\alpha = 0,05$. Das führt zu einem signifikanten Ergebnis. Das Endergebnis ist somit gleich. Führen beide Wege zuverlässig zum gleichen Ergebnis? Ist für ein und denselben Test eine Entscheidung mit Hilfe eines p-Wertes gleichwertig mit einer Entscheidung mit Hilfe eines Ablehnungsbereiches? Wenn ja, wie hängen der Ablehnungsbereich und der p-Wert zusammen?

Wir erinnern uns, dass das Signifikanzniveau α mitbestimmt, welche Werte ein Ablehnungsbereich umfasst. Für Alternativhypothesen der Gestalt $H_1 : \mu \neq \mu_0$, wie oben angegeben, besteht der Ablehnungsbereich des Tests aus Realisationen von T größer $t_{1-\frac{\alpha}{2};n-1}$ oder T kleiner $-t_{1-\frac{\alpha}{2};n-1}$. Nach dem Testprinzip gilt (der Übersichtlichkeit halber verzichten wir auf das Ausschreiben der Bedingung „$\mid H_0$“, denken aber weiterhin daran, dass die Gleichung nur unter dieser Bedingung gilt):

$$P(|T| > t_{1-\frac{\alpha}{2};n-1}) = P(T > t_{1-\frac{\alpha}{2};n-1}) + P(T < -t_{1-\frac{\alpha}{2};n-1}) = \alpha.$$

Das bedeutet, dass für alle Realisationen von T, die im Ablehnungsbereich liegen, gilt:

$$|t| > t_{1-\frac{\alpha}{2};n-1} \;\Leftrightarrow\; p(t) \leq \alpha$$

Ein Ergebnis ist genau dann zum Niveau α signifikant, wenn die Realisation der Testgröße in den Ablehnungsbereich, der unter Berücksichtigung von α bestimmt wird, fällt oder wenn der errechnete p-Wert kleiner oder gleich α beträgt. Wir haben oben die Nullhypothese abgelehnt, weil $p(4,05) = 0,0037 < 0,05 = \alpha$ und weil wir die Grenze $\alpha = 0,05$ vor der Durchführung des Tests festgelegt haben. Hätten wir $\alpha = 0,08$ vorgegeben, wäre das Ergebnis signifikant zum Niveau 0,08. Im Grunde genommen können wir alle Werte $p \in [0\ ;\ 1]$ mit $p \leq \alpha$ auch als Ablehnungsbereich des Tests ansehen, wenn wir als Testgröße $p(T)$ verwenden.

Egal nach welcher Methode die Entscheidung gefällt wird, muss das Signifikanzniveau α vor der Durchführung des Tests feststehen. Eine nachträgliche Änderung von α ist nicht erlaubt. Nur so wird das Testprinzip – *Die Wahrscheinlichkeit für eine irrtümliche Ablehnung einer wahren Nullhypothese beträgt höchstens* α – gewährleistet. Eine Kennzeichnung des errechneten p-Wertes durch einen, zwei oder drei Sterne[1] ist in der klassischen Testtheorie nicht vorgesehen. Entweder ist das Ergebnis signifikant zum vorgegebenen Niveau α, oder nicht.

Im obigen Beispiel dürfen wir das Ergebnis (p-Wert nahezu Null) nicht als sehr signifikant bezeichnen (auch wenn diese Angabe in der Praxis häufig zu finden ist). Wir haben $\alpha = 0,05$ vorgegeben und dabei bleibt es. Das Ergebnis ist signifikant zum Niveau $\alpha = 0,05$.

Im Gegensatz zum Signifikanzniveau α ist der beobachtete Wert $p(t)$ keine frequentistisch interpretierbare Wahrscheinlichkeit. Dieser wird aufgrund *einer* einzigen Beobachtung bestimmt. Insbesondere ist der p-Wert nicht die Wahrscheinlichkeit für den Fehler 1. Art, wie die Autoren Beck-Bornholdt und Dubben (2001, S. 146–147) behaupten. Dort schreiben sie: „Die Wahrscheinlichkeit, diesen Fehler zu begehen, wird durch den p-Wert beschrieben." (mit „diesen Fehler" ist der Fehler 1. Art gemeint). Das ist in keiner Weise gerechfertigt.

[1] p^* (signifikant), wenn p-Wert $\leq 0,05$; p^{**} (sehr signifikant), wenn p-Wert $\leq 0,01$; p^{***} (hoch signifikant), wenn p-Wert $\leq 0,001$.

7 Alarm ohne Feuer oder Feuer ohne Alarm

Die unsymmetrische Behandlung der beiden Fehlerarten führt dazu, dass wir im Falle der Ablehnung von H_0 eine „Garantie" für die Wahrscheinlichkeit einer Fehlentscheidung (eine wahre Nullhypothese wird irrtümlich abgelehnt) haben. Diese Irrtumswahrscheinlichkeit beträgt höchstens α. Steht das Stichprobenergebnis nicht im Widerspruch zu H_0, wird die Nullhypothese beibehalten. H_0 ist aber *nicht* signifikant. Ähnlich wie bei einem gerichtlichen Indizienprozess wird „aus Mangel an Beweisen" H_0 nicht verworfen; gegen H_0 ist nichts einzuwenden.

Wie in einem Indizienprozess kann unsere Entscheidung, die Nullhypothese beizubehalten, falsch sein, nämlich dann, wenn in Wirklichkeit die Alternativhypothese vorliegt (Fehler 2. Art). Die Wahrscheinlichkeit für den Fehler 2. Art oder β-Fehler hängt von der Verteilung der Testgröße unter H_1 ab. Wenn T die Testgröße darstellt, ist diese Wahrscheinlickeit gegeben durch

$$P(T \in \bar{B}|H_1)$$

(in Worten: die Wahrscheinlichkeit dafür, dass die Realisationen der Testgröße T im Annahmebereich $\bar{B}$ liegen, wenn die Alternativhypothese wahr ist). Im obigen Beispiel umfasst der Annahmebereich alle Werte von T zwischen -2,31 und 2,31, kurz: $\bar{B} = [-2,31\ ;\ 2,31]$.

Die Wahrscheinlichkeit für den Fehler 2. Art würde sich beim Hypothesenpaar $H_0 : \mu = \mu_0$ und $H_1 : \mu \neq \mu_0$ berechnen gemäß:

$$P(T \in \bar{B} \mid \mu > \mu_0 \text{ oder } \mu < \mu_0; \sigma^2)$$

I. Frost, *Statistische Testverfahren, Signifikanz und p-Werte*, essentials,
DOI 10.1007/978-3-658-16258-0_7

Diese Wahrscheinlichkeit konkret zu berechnen ist unmöglich, da es unendlich viele Wertepaare $(\mu; \sigma^2)$ mit $\mu \neq \mu_0$ gibt. Jedoch können wir das Zusammenspiel zwischen dem α- und dem β-Fehler veranschaulichen.

Was hat ein kleines (oder ein großes) α für eine Wirkung auf β? Um dieser Frage nachzugehen, fassen wir die *Ablehnungswahrscheinlichkeit* des Tests als eine Funktion des zu testenden Parameters μ, des Erwartungswertes, auf und nennen die so definierte Funktion *Gütefunktion* des Tests (eine mathematische Beschreibung der Gütefunktion findet man zum Beispiel in Fahrmeir et al. (2011), Abschn. 10.2.4 oder Rüger (1996), Abschn. 9.2.2.). Der Übersicht halber bleiben wir bei der normalverteilten Grundgesamtheit und nehmen an, dass die Varianz σ^2 bekannt ist. In diesem Rahmen hängt die Ablehnungswahrscheinlichkeit nur von μ ab und hat die Gestalt

$$g(\mu) := P(H_0 \text{ wird abgelehnt} \,|\, \mu).$$

Mit dieser Darstellung können wir sofort sehen, dass $g(\mu)$ für $\mu \in H_0$ die Wahrscheinlichkeit für den Fehler 1. Art bedeutet, während für $\mu \in H_1$ die Funktion $1 - g(\mu) = \beta$ die Wahrscheinlichkeit für den β-Fehler (Fehler 2. Art) wiedergibt. Zusammengefasst erhalten wir:

$$g(\mu) = P(\text{Ablehnung von } H_0) \begin{cases} \leq \alpha, & \text{wenn } H_0 \text{ vorliegt} \\ \\ = 1 - \beta, & \text{wenn } H_1 \text{ vorliegt} \end{cases}$$

Da ein Niveau-α-Test unter der Nullhypothese die Ungleichung $g(\mu) \leq \alpha$ erfüllt, gilt: Je kleiner α ist, desto größer wird β. Im ungünstigsten Fall kann $\beta = 1 - \alpha$ sein.

Ein Vergleich mit einem Feueralarm, wie ihn die Autoren Gornick und Smith (2005) in ihrem Buch *The Cartoon Guide to Statistics* anstellen, zeigt das Verhältnis der beiden Fehlerarten sehr anschaulich:

Hypothesentest	Feueralarm
α-Fehler	Alarm ohne Feuer
β-Fehler	Feuer ohne Alarm

Um den Alarm ohne Feuer (α-Fehler) zu vermeiden, kann man die Batterie des Alarms entfernen. Dadurch wird die Wahrscheinlichkeit für ein Feuer ohne Alarm (den β-Fehler) aber praktisch gleich eins sein. Die Wahrscheinlichkeit für den β-Fehler lässt sich dadurch reduzieren, dass man die Empfindlichkeit des Alarms erhöht. Dies vergrößert wiederum die Wahrscheinlichkeit für den α-Fehler. Diese Wechselwirkung zwischen den beiden Wahrscheinlickeiten sollte man bei der Festlegung von α berücksichtigen.

Statistische Signifikanz – inhaltliche Relevanz

8

In Sozialwissenschaften interessiert man sich oft für mögliche Unterschiede von Gruppen hinsichtlich eines bestimmten Merkmals; in der Psychologie oder der Medizin werden Therapien bezüglich ihrer Wirksamkeit verglichen, um eventuell eine erfolgreichere Therapie zu identifizieren. Im Rahmen solcher Studien kommt man in der Regel ohne statistische Verfahren nicht aus. Insbesondere dominieren darin statistische Tests.

Wir haben gesehen, dass ein p-Wert nichts über die Gültigkeit einer Nullhypothese aussagen kann. Der p-Wert wird unter der Annahme, dass die Nullhypothese *wahr* ist, berechnet. Wollte man nach der Beobachtung wissen, wie wahrscheinlich es ist, dass die Nullhypothese vorliegt, müsste man die bedingte Wahrscheinlichkeit $P(H_0 \mid \text{Daten})$ berechnen. Das ist jedoch nicht möglich und auch nicht das Ziel des statistischen Tests.

Wir haben im Abschn. 5 eine Ärztin zitiert, die der Meinung ist, dass ein signifikantes Studienergebnis für den Patienten von Bedeutung ist. Versuchen wir an dieser Stelle, *ein signifikantes Studienergebnis* genauer zu analysieren. Dazu stellen wir uns folgende Studie vor: Die Wirksamkeit von zwei blutdrucksenkenden Mitteln – einem neuen und einem herkömmlichen – soll verglichen werden. Als Nullhypothese formulieren wir: „Es gibt keinen Unterschied zwischen den beiden Behandlungen.“ Nehmen wir an, dass unser Ergebnis statistisch signifikant zu einem vorgegebenen Niveau α sei; wir notieren: „Das neue Medikament ist statistisch signifikant besser als die Standardbehandlung ($p < \alpha$).“ Jetzt stellt sich die Frage: Können Patienten von diesem Ergebnis profitieren?

Wir erinnern uns, dass ein statistisch signifikantes Ergebnis unter anderem vom Stichprobenumfang abhängt. Je größer der Stichprobenumfang ist, desto eher wird ein Ergebnis signifikant ausfallen. Selbst wenn der Unterschied der beiden Behandlungen in Wahrheit unbedeutend ist, kann das Ergebnis signifikant

I. Frost, *Statistische Testverfahren, Signifikanz und p-Werte*, essentials,
DOI 10.1007/978-3-658-16258-0_8

sein, sofern eine genügend große Anzahl von Daten zur Verfügung steht. Wenn also ein inhaltlich unbedeutender Unterschied zwischen den Therapien signifikant sein kann, ist ersichtlich, dass statistische Signifikanz etwas anderes bedeutet als inhaltliche Relevanz. Was bringt es Frauen (und Männern), wenn die signifikant postive Wirkung von Anti-Aging-Cremes nur mit optischen Scannern messbar, aber nicht mit bloßem Auge sichtbar ist? Zu diesem Ergebnis kamen die Forscher in der Ästhetischen Dermatologie der Universität München, die im Auftrag vom ZDF eine Untersuchung zur Wirksamkeit von Anti-Aging-Cremes durchgeführt haben (Das Ergebnis ist zu finden unter http://www.zdf.de/zdfzeit/der-grosse-kosmetiktest-39575624.html.)

Auf der anderen Seite birgt ein zu kleiner Datensatz die Gefahr, dass ein tatsächlich vorliegender Unterschied nicht entdeckt wird. Dies wird insbesondere zum Problem, wenn ein kleiner Unterschied bereits inhaltlich von Bedeutung ist. Beispielsweise kann eine geringe Veränderung in der Dosierung von Röntgenstrahlen lebensentscheidend sein.

Wie viele Probanden sollen an einer Studie teilnehmen, um ein zuverlässiges Ergebnis zu erhalten? Um diese Frage zu beantworten, braucht die Statistik ein substanzwissenschaftliches Vorwissen eines erfahrenen Fachmannes, der sagen kann, wann ein Effekt als inhaltlich bedeutsam gilt. Ist der inhaltlich bedeutsame Effekt definiert, kann die Stichprobengröße unter Vorgabe von α und β bestimmt werden. Ausführlich dazu siehe Caputo und Graf (2008).

9 Fazit

Mit statistischen Testverfahren kann man nicht beurteilen, ob eine Hypothese wahr oder falsch ist. Den Abschluss eines Testvorgangs bildet die Entscheidung, ob die Nullhypothese abgelehnt wird oder nicht. Wird die Nullhypothese verworfen, heißt die Allternativhypothese signifikant. Die Alternativhypothese wird niemals abgelehnt, während die Nullhypothese niemals signifikant sein wird.

Nach der Entscheidung weiß man weiterhin nicht, ob die Null- oder die Alternativhypothese wahr ist. Jedoch wird durch die Vorgabe von α die Wahrscheinlichkeit dafür, dass eine *wahre* Nullhypothese irrtümlich verworfen wird, nach oben beschränkt. Die Oberschranke α ist vor der Durchführung des Tests festzulegen. Im Prinzip ist $0 < \alpha < 1$ beliebig zu wählen, jedoch gilt: Mit sinkendem α steigt die Wahrscheinlichkeit für den Fehler 2. Art (die Nullhypothese wird nicht abgelehnt, obwohl diese für die Grundgesamtheit nicht zutrifft).

Die Entscheidung, ob die Nullhypothese verworfen oder beibehalten wird, kann über den zugehörigen Ablehnungsbereich oder den p-Wert erfolgen. Beide Wege sind gleichwertig. Eine Entscheidung über den p-Wert kann jedoch dazu verführen, α nachträglich anzupassen. Im Rahmen der klassischen Testtheorie ist das nicht erlaubt. Das Signifikansniveau α, der p-Wert und der Testgrößenwert sind in einem Studienergebnis anzugeben. „Die alleinige Angabe von $p(x)$ als Auswertung der Beobachtung x stellt kein Verfahren der klassischen Inferenz dar.“ (Rüger 2002b, S. 37). In seinen Lehrbüchern verwendet Rüger den Begriff *Niveau-α-Test*, um zu betonen, dass der Anwender einen statistischen Test zum von ihm festgelegten Signifikanzniveau α durchführt.

Wird die Nullhypothese verworfen, wagen wir das Ergebnis auf die Population zu übertragen: Wir handeln in Zukunft unter der Annahme, dass die Alternativhypothese in der Population gilt. Dabei bleibt das Risiko von $\alpha \cdot 100$ Prozent, dass unsere Entscheidung falsch ist. Die Population (Grundgesamtheit) muss

I. Frost, *Statistische Testverfahren, Signifikanz und p-Werte*, essentials,
DOI 10.1007/978-3-658-16258-0_9

vor der Studie wohl definiert und die daraus gezogene Stichprobe zufällig und repräsentativ sein. Der aus der vorliegenden Stichprobe gezogene Schluss gilt nur für diese Grundgesamtheit. In der randomisierten, dopppelblind und placebokontrollierten Studie *The Physicians' Health Study* (Steering committee of the physicians' health study research group, 1989) wurde unter anderem untersucht, ob eine geringe Menge an Aspirin das Herzinfarktrisiko reduziert. An der Studie, die ziemlich genau fünf Jahre lief, nahmen 22.000 freiwillige Probanden teil. Sie wurden per Los einer Aspirin- oder einer Placebo-Gruppe zugeordnet. Die Forscher haben herausgefunden, dass Aspirin signifikant das Infarktrisiko senkt. Die Probanden waren allerdings alle männlich, gesund und Mediziner. Ob sich das Ergebnis auf die allgemeine Bevölkerung übertragen lässt, ist zu bezweifeln. Es ist sehr wahrscheinlich, dass die Lebensweise von männlichen Medizinern mit der der gewöhnlichen Bevölkerung nicht vergleichbar ist (die untersuchte Gruppe ist in diesem Sinne nicht repräsentativ). Ist es nicht möglich, eine Population vorzudefinieren, sollte man auf Testverfahren eher verzichten.

Ein weiterer wichtiger Punkt ist die Erkenntnis, dass statistische Signifikanz mit inhaltlicher Relevanz nicht gleichzusetzen ist. Ein signifikantes Ergebnis entbindet einen Forscher nicht von der Aufgabe, seine Daten unter fachtheoretischen Gesichtspunkten weiter zu untersuchen. Zudem leuchtet dieser Schritt ein, denken wir an das folgende Szenario: Ein Forscher erhält einen p-Wert von 0,0548, während er ein Signifikanzniveau von 0,05 festgelegt hatte. Es würde ein merkwürdiges Bild abgeben, behielte er unreflektiert seine Nullhypothese bei. Dazu schreiben Rosnow und Rosenthal (1989, S. 1277): „Surely, God loves the .06 nearly as much as the .05."

Jenseits von statistischen Tests

Die Statistik als „Toolbox" enthält eine große Anzahl von weiteren Instrumenten zur Analyse von Daten. Einige wenige davon zeigt die folgende Übersicht.

1. Schätzverfahren wie zum Beispiel Konfidenzintervalle; ein Konfidenzintervall enthält plausible Werte des unbekannten interessierenden Parameters. Ist beispielsweise der Mittelwert μ in der Population von Interesse, verwendet man als Schätzwerte für μ alle Elemente aus dem Intervall: $\bar{X} \pm c \cdot \mathrm{SE}(\bar{X})$. Dabei ist $\bar{X}$ das Stichprobenmittel und $\mathrm{SE}(\bar{X})$ die Stichproben-Standardabweichung von $\bar{X}$, die auch unter dem Namen Standardfehler (**S**tandard **E**rror) bekannt ist. Den Standardfehler kann man als eine Maßzahl für den Stichprobenfehler oder den statistischen/zufälligen Fehler auffassen. Der Faktor c hängt von dem

sogenannten Konfidenzniveau ab, das vergleichbar mit dem Signifikanzniveau vom Anwender vorgegeben wird. Verbreitet für das Konfidenzniveau sind Werte: 0,9; 0,95 oder 0,99. Darin spiegelt sich der Anspruch des Anwenders wieder. Je größer das Konfidenzniveau ist, desto länger wird das Intervall. Nähere Beschreibung dazu ist beispielsweise in Fahrmeir et al. (2011) oder Frost (2015) zu finden.

2. Explorative Datenanalyse (EDA) „wird [...] typischerweise eingesetzt, wenn die Fragestellung nicht genau definiert ist oder auch die Wahl eines geeigneten statistischen Modells unklar ist." (Fahrmeir et al. 2011, S. 13). Die Grundlagen der EDA schaffte Tukey (1977). Zudem gehen viele bekannte grafische Methoden in der Statistik wie beispielweise Boxplot (Box and Whisker Plots) oder Stamm-Blatt-Diagramm (Steam and Leaf Diagram) auf Tukey zurück.

   Ein Stamm-Blatt-Diagramm ist schnell anzufertigen und so lässt sich ohne viel Aufwand die Verteilung der Rohdaten erstellen. Das Verfahren ist insbesondere für kleine Datensätze geeignet (für eine ausführliche Beschreibung siehe zum Beispiel Bortz und Schuster (2010) oder Fahrmeir et al. (2011)).

   Ebenso leicht, informativ und elegant kann man mit einem Boxplot die zentrale Tendenz und die Variabilität von Daten zeigen. Ein Boxplot besteht aus einer Box, die die mittleren 50 Prozent der Daten präsentiert. In der Box wird der Median als eine senkrechte Linie markiert. Links sowie rechts von der Box „sprießt" je ein „Whisker", dessen Länge das 1,5-fache der Boxlänge nicht überschreitet (Literatur zum Weiterlesen siehe a. a. O.).

   Ein weiterer Vorteil dieser Darstellungsart besteht darin, dass man mehrere Studiengruppen, die jeweils durch ihren zugehörigen Boxplot vertreten werden, bequem vergleichen kann. So gewinnt man einen ersten Eindruck von den Unterschieden hinsichtlich der zentralen Tendenz und der Variabilität der Verteilungen in den Gruppen.

3. Meta-Analyse ist eine zusammenfassende statistische Analyse von mehreren Studien, die ähnlich sind, aber voneinander unabhängig durchgeführt wurden. Einen Überblick dazu findet man zum Beispiel in Cumming (2006), Schwarzer et al. (2008) oder Viechtbauer (2010). Für viele wissenschaftliche Institute wie beispielsweise die Cochrane Collaboration gehört Meta-Analyse zu den Standardinstrumenten. Die Cochrane Collaboration, ein Netzwerk von internationalen Wissenschaftlern und Ärzten, stellt der Öffentlichkeit zahlreiche systematische Zusammenfassungen von klinischen Studien im medizinischen Bereich zur Verfügung, die überwiegend Ergebnisse von Meta-Analysen sind (http://www.cochrane.de).

Zu erwähnen sind noch die sogenannten nichtparametrischen oder verteilungsfreien Verfahren, die im Gegensatz zum t-Test, der eine normalverteilte Grundgesamtheit voraussetzt, weniger strenge Voraussetzungen erfordern. Dazu zählen zum Beispiel der *Man-Whitney-Test* oder der *Wilcoxon-Vorzeichen-Rang-Test* oder einfach *Wilcoxon-Test*. Beide Tests untersuchen, ob die zentralen Tendenzen zweier Stichproben verschieden sind. Diese sind auch bei kleinen Stichproben anwendbar (ausführlichere Beschreibungen sind unter anderem bei Bortz und Lienert (2008) oder Field (2014) zu finden).

Was Sie aus diesem *essential* mitnehmen können

- Das Signifikanzniveau muss vor der Durchführung des Tests festgelegt werden.
- Ob ein Ergebnis statistisch signifikant ist, hängt von dem Signifikanzniveau, dem Stichprobenumfang und der Homogenität der Population ab.
- Zusätzlich zum p-Wert gehören das Signifikanzniveau und die Realisation der Testgröße bzw. die empirisch gefundene Effektgröße zum Ergebnis eines statistischen Tests.
- Statistische Signifikanz ist mit inhaltlicher Relevanz nicht identisch.
- Ein statistisch signifikantes Ergebnis entbindet einen Forscher nicht von der Aufgabe, seine Daten unter fachtheoretischen Geschichtspunkten weiter zu untersuchen.

I. Frost, *Statistische Testverfahren, Signifikanz und p-Werte*, essentials,
DOI 10.1007/978-3-658-16258-0

Literatur

Beck-Bornholdt H-P, Dubben H-H (2001) Der Schein der Weisen. Hoffmann und Campe, Hamburg

Bortz J, Lienert GA (2008) Verteilungsfreie Methoden in der Biostatistik. 3. Aufl. Springer, Heidelberg

Bortz J, Schuster C (2010) Statistik für Human- und Sozialwissenschaftler. 7. Aufl. Springer, Heidelberg

Brigg WM (2012) It is time to stop teaching frequentism to non-statisticians. http://arxiv.org/abs/1201.2590. Zugegriffen am 05.01.2016

Caputo A, Graf E (2008) Planung einer klinischen Studie: Wie viele Patienten sind notwendig? In: Schumacher M, Schulgen G (Hrsg.) Methodik klinischer Studien. 3. Aufl. Springer, Heidelberg, 171–193

Cumming G (2006) Meta-Aalysis: Pictures that explain how experimental findings can be integrated. In: International conference on teaching statistics, ICOTS-7. https://www.stat.auckland.ac.nz/~iase/publications/17/C105.pdf. Zugegriffen am 29.08.2016

Fahrmeir L, Künstler R, Pigeot I, Tutz G (2011) Statistik. Der Weg zur Datenanalyse. 7. Aufl. Springer, Heidelberg

Field A (2014) Discovering statistics using IBM SPSS STATISTICS, 4. Aufl. SAGE Publication

Field A, Hole G (2003) How to design and report experiments. SAGE Publications, London

Fisher RA (1935) The logic of inductive inference. J R Stat Soc 98:39–54

Frost I (2015) Statistik für Wirtschaftswissenschaftler. Grundlagen und praktische Anwendungen. 2. Aufl. expert verlag

Gigerenzer G (2004) Mindless statistics. J Socio-Econ 33:587–606

Gornick L, Smith W (2005) The cartoon guide to statistics. HarperCollins, New York

Haller H, Krauss S (2002) Misinterpretations of significance: a problem students share with their teachers? Method Psychol Res Online 7(1). https://www.mpr-online.de. Zugegriffen am 09.12.2016

Hubbard R, Bayarri MJ (2003) Confusion over measures of evidence (p's) versus errors (α's) in classical statistical testing. Am Stat 57(3):171–182

Levine TR, Weber, R, Hullet C, Hee SP, Massi Lindsey LL (2008) A critical assesment of null hypothesis significance testing in quantitative communication research. Hum Commun Res 34:171–187

I. Frost, *Statistische Testverfahren, Signifikanz und p-Werte*, essentials,
DOI 10.1007/978-3-658-16258-0

Lehmann EL (1993) The Fisher, Neyman-Pearson theories of testing hypotheses: one theory or two? J Am Stat Assoc 88(424):242–1249

Lehmann EL (2011) Fisher, Neyman, and the creation of classical statistics. Springer, New York

Lenhard J (2006) Models and statistical inference: the controversy between Fisher and Neyman-Pearson. Br J Philos Sci 57:69–91

Louçã F (2008) Should the widest cleft in statistics – how and why Fisher opposed Neyman and Pearson. Working papers, school of economics and management. Technical University of Lisbon. http://pascal.iseg.utl.pt/~depeco/wp/wp022008.pdf. Zugegriffen am 20.01.2016

Meehl PE (1967) Theory-testing in psychology and physic: a methodological paradox. Philos Sci 34:103–115

Neyman J (1938) L'estimation statistique traitèe comme un probléme classique de probabilitè. Actualitès Scientifiques et Industrielles No. 739:25–57

Neyman J (1961) Silver Jubilee of my dispute with fisher. J Oper Res Soc Jpn 3(4):145–154

Neyman J, Pearson ES (1933) On the problem of the most efficient tests of statistical hypotheses. Philos Trans R Soc Lond Ser A 231:289–337

Nickerson RS (2000) Null hypothesis significance testing: a review of an old and continuing controversy. Psychol Methods 5(2):241–301

Rosnow RL, Rosenthal R (1989) Statistical procedures and the justification of knowledge in psychological science. Am Psychol 44(10):1276–1284

Rozeboom WW (1960) The fallacy of the null-hypothesis significance test. Psychol Bull 57:416–428

Rüger B (1996) Induktive Statistik. 3. Aufl. Oldenbourg

Rüger B (2002a) Test- und Schätztheorie Band I: Grundlagen. Oldenbourg

Rüger B (2002b) Test- und Schätztheorie Band II: Statistische Tests. Oldenbourg

Schwarzer G, Timmer A, Galandi D, Antes G, Schumacher M (2008) Meta-Analyse randomisierter klinischer Studien, Publikationsbias und evidenzbasierte Medizin. In: Schumacher M, Schulgen G (Hrsg) Methodik klinischer Studien. 3. Aufl. Springer, Heidelberg, 129–160

Steering committee of the physicians' health study research group (1989) Final report on the aspirin component of the ongoing physicians' health 31 study. N Engl J Med 321: 129–135

Tukey JW (1977) Exploratory data analysis. Addison-Wesley, Reading

Viechtbauer W (2010) Meta-Analyse. In: Holling H, Schmitz B (Hrsg) Handbuch Statistik, Methoden und Evaluation. Hogrefe, Göttingen, S 743–756

Weihe W (2004) Von der Wahrscheinlichkeit des Irrtums. Deutsches Ärzteblatt, 101(13): A834–A838